BEFRUCHTUNG
UND
BASTARDIERUNG

VORTRAG

GEHALTEN IN DER 151. JAHRESVERSAMMLUNG
DER HOLLÄNDISCHEN GESELLSCHAFT DER
WISSENSCHAFTEN ZU HAARLEM AM 16. MAI 1903

VON

HUGO DE VRIES
PROFESSOR DER BOTANIK IN AMSTERDAM.

LEIPZIG
VERLAG VON VEIT & COMP.
1903

Druck von Metzger & Wittig in Leipzig.

Der in Haarlem in holländischer Sprache gehaltene Vortrag erscheint hier in erweiterter Form. Meine Auffassung der Lebensvorgänge in den Zellkernen stützt sich vorwiegend auf die berühmten Untersuchungen von VAN BENEDEN und von BOVERI, sowie auf die neuesten Forschungen von CONKLIN (Contrib. Zool. Lab. Pennsylvania, XII, 1902), SUTTON (Biol. Bull. IV, Dec. 1902), EISEN (Journ. Morphol. XVII, 1), ERRERA (Revue scientif., Févr. 1903) und von vielen Anderen. Für die Literatur verweise ich auf E. B. WILSON, The cell in development and inheritance, und auf V. HÄCKER, Praxis und Theorie der Zellen- und Befruchtungslehre.

Meine Darstellung der Vorgänge der Befruchtung und der Bastardierung schließt sich an die Erfahrungen an, welche ich im zweiten Bande meiner Mutationstheorie (Leipzig, Veit & Comp., 1901 bis 1903) niedergelegt habe.

Hugo de Vries.

Vom Vater hab' ich die Statur,
Des Lebens ernstes Führen,
Von Mütterchen die Frohnatur
Und Lust zu fabuliren.

In diesen Zeilen liegt das ganze Problem der Erblichkeit und der Befruchtung. Was jedermann sehen kann, hat GOETHE in schönen, einfachen Worten klar und scharf ausgesprochen. Das eine hat man vom Vater, das andere von der Mutter. Oder, wie es jetzt gewöhnlich lautet, es sind die erblichen Eigenschaften der beiden Eltern im Kinde vereinigt.

Den Ursachen dieser Erscheinung nachzuspüren, wurde zur Aufgabe für die wissenschaftliche Forschung. Diese konnte sich dabei nicht auf den Menschen beschränken. Das von GOETHE angeführte Gesetz muß offenbar ein allgemeines sein, es muß für das ganze Tierreich und für das ganze Pflanzenreich gelten, überall wo sich zwei Wesen für die Erzeugung der Nachkommenschaft verbinden. Auch muß es nicht nur für die gewöhnlichen Befruchtungen gelten, sondern auch für jene abnormalen Fälle, in denen sich ungleiche, verschiedenen Varietäten bezw. Arten angehörige Individuen befruchten. Was in diesen Fällen entsteht, nennen wir Bastarde, und für die Wissenschaft haben sie die hohe Bedeutung, daß man an ihnen die Art und Weise, in der die elterlichen Merkmale verbunden sind, leichter und deutlicher studieren kann, als an den Kindern einer normalen Ehe. Denn je mehr die Eltern unter sich verschieden sind, um so sicherer muß der Anteil jedes von beiden an den Eigenschaften der Kinder sich bestimmen lassen.

Überall bestätigt sich das Gesetz: Das eine hat das Kind vom Vater, das andere von der Mutter. Das Kind ist somit im Grunde genommen ein Doppelwesen, mit doppelten, mehr oder weniger deutlich getrennten, noch auf ihren Ursprung zurückführbaren Eigenschaften. Dieses Prinzip der Dualität, wie wir es nennen können, beherrscht die ganze Erblichkeitslehre, es bildet den Faden, der die anscheinend getrennten Fälle verbindet; es bildet die Richtschnur für die ganze Untersuchung.

Diese Untersuchung bewegt sich auf zwei verschiedenen Gebieten. Einerseits steht die experimentelle Forschung, anderseits die mikroskopische. Die Physiologie ermittelt die Beziehungen der Kinder zu ihren Eltern, zerlegt ihre Merkmale in die einzelnen Eigenschaften und sucht deren Herkunft nachzuweisen. Die Entwicklungsgeschichte enthüllt uns die entsprechenden mikroskopischen Vorgänge; sie sucht in den Zellen die kleinsten sichtbaren Träger der Erblichkeit, und erforscht, wie diese sich während des Lebens erhalten, und wie sie bei der Befruchtung vom Vater und von der Mutter auf das Kind übergehen.

Wenige Forscher beherrschen beide Gebiete, ihr Umfang ist dazu viel zu groß. Und namentlich hat in den letzten Jahren das Studium der Bastarde einen solchen Aufschwung genommen, daß bald auch hier eine Arbeitsteilung wird eintreten müssen. Beide Richtungen haben sich somit mehr oder weniger unabhängig voneinander entwickelt. Auf beiden fangen jetzt die Hauptzüge des Problems an, sich allmählich aus der Fülle der Einzelerscheinungen herauszuheben. Und dabei zeigt sich, man dürfte fast sagen, weit über alle Erwartungen, eine Übereinstimmung in den beiderseitigen Forschungsresultaten, welche so groß ist, daß nahezu überall die physiologischen Prozesse in den mikroskopisch sichtbaren Veränderungen sich abspiegeln.

Allerdings liegt die letzte Analyse noch jenseits der Grenzen des jetzigen mikroskopischen Sehens. Der gewaltigen Komplikation der erblichen Eigenschaften der Organismen gegenüber ist der uns bekannte anatomische Bau der Zellen und ihrer Kerne noch ein viel zu einfacher. Die einzelnen Züge des Vaters und der Mutter kann man in den Zellen des Kindes noch nicht wiederfinden, doch deuten die Untersuchungen der allerletzten Zeit klar darauf hin, daß auch hier die Grenzen der Wissenschaft in stetiger Ausdehnung begriffen sind.

Die doppelte Natur aller durch Befruchtung entstandenen Wesen sieht man sowohl in ihren äußeren Eigenschaften, als im feinsten Bau ihrer Kerne. Das Prinzip der Dualität gilt überall, wenn auch der Nachweis in den einzelnen Fällen erst noch in seinem Anfange ist. Aber soweit die sichtbaren Merkmale sich analysieren und die einzelnen Bestandteile der Kerne sich verfolgen lassen, soweit läßt sich bereits jetzt die Gültigkeit des Prinzipes beweisen.

Betrachten wir zuerst das Äußere, nachher das Innere.

Die Statur hatte GOETHE vom Vater und nicht von der Mutter, auch hatte er nicht eine mittlere Statur. Die Gesamtheit seiner Eigenschaften hatte er teils vom Vater, teils von der Mutter. Das Beispiel erläutert die Regel in klarer Weise. In den Kindern sind die Eigenschaften ihrer Eltern gemischt. Nicht immer hält das Kind dabei gerade die Mitte, ja zumeist gleicht es, wie jedermann weiß, hier mehr der Mutter, und dort mehr dem Vater.

Genau so ist es bei den Bastarden. Betrachtet man nur eine einzelne Eigenschaft, so haben sie diese im allgemeinen entweder vom Vater oder von der Mutter. Die Bastarde von weißen und blauen Blumen pflegen blau zu blühen, diejenigen von einem behaarten oder einem bedornten Elter mit einem unbehaarten oder dornlosen pflegen behaart oder bedornt zu sein. Die Kreuzung einer gewöhnlichen Nachtkerze mit der großblumigen Sorte gibt Blüten von der Größe der erstgenannten. Gibt es aber zwei oder mehrere Differenzpunkte, so können diese zum Teil von dem einen, und zum Teil von dem anderen Elter auf die Kinder übertragen werden, und dadurch ist es in der Praxis möglich, die guten Eigenschaften zweier Sorten zu einer einzigen Rasse zu verbinden. So hat Rimpau eine Reihe von Bastardrassen von Weizen gemacht, so hat Lemoine seine winterharten großblumigen Schwertlilien gewonnen, und so sind in Landwirtschaft und Gartenbau die zahllosen Bastarde entstanden, in denen die günstigen Merkmale verschiedener Sorten in mehr oder weniger bunter Mannigfaltigkeit verbunden sind. Verbunden, oder wie man gern sagt, vermischt, ein Ausdruck, bei welchem aber nur zu leicht die Selbständigkeit der einzelnen Faktoren in der Mischung aus dem Auge verloren wird.

Diese Selbständigkeit ist ja auch häufig in den Mischungen, d. h. hier also in den Merkmalen der Bastarde, keineswegs leicht nachzuweisen. Unsere Unterscheidungsmittel reichen dazu nur zu oft nicht aus. In den klaren Fällen aber tritt sie deutlich ans Licht, und je zahlreichere Bastarde genau und eingehend studiert werden, um so allgemeiner bestätigt sich die Gültigkeit des Prinzips.

Findet man z. B. in einem Weizenbastard die lockere Ähre der Mutterpflanze mit dem Mangel der Grannen des Vaters verbunden, so sind die beiderseitigen Anteile einfach und klar. In der Mischung der Merkmale stehen diese beiden so weit auseinander, daß sie stets leicht wieder erkannt werden. Wie sind nun solche Eigenschaften im Bastard vereinigt? Sind sie zu einem Ganzen verschmolzen, oder liegen sie nur einfach locker nebeneinander?

Die Antwort auf diese Fragen geben uns die Spaltungen, welche bei vielen Bastarden regelmäßig bei der Fortpflanzung durch Samen, bei einigen wenigen aber auch im vegetativen Leben vorkommen. Vom letzteren ist das schönste und auffallendste Beispiel der *Cytisus Adami,* ein Bastard zwischen *C. Laburnum* und *C. purpureus,* dessen hohe Bedeutung für die Hauptzüge des ganzen Problems durch die Fabel seiner Entstehung als Pfropfling leider lange Zeit verkannt worden ist. Durch Pfropfung erzielt man tatsächlich keine Hybriden, auch wenn der gegenseitige Einfluß des Wildstammes und des Edelreises ein noch so großer ist, und so weit die historischen Nachweise gehen, ist der *Cytisus Adami* zwar seit seinem ersten Auftauchen stets durch Pfropfen vermehrt worden, aber ursprünglich nicht in dieser Weise entstanden.

Dieser Baum lehrt uns, wie die Eigenschaften der beiden Eltern verbunden sind. Für gewöhnlich treten sie gemischt auf, sowohl die Blätter als die Blüten haben einige Züge des *Laburnum* und andere des *purpureus.* In der Gesamtheit der Merkmale halten sie dementsprechend zwischen beiden Eltern die Mitte. Aber Spaltungen kommen vor, und zwar nicht gerade selten, oder vielmehr so gewöhnlich, daß wohl jedes nicht allzu kleine Exemplar des Bastardes sie zeigt. Bei diesen Spaltungen trennen sich nun die Typen des Vaters und der Mutter scharf und durchaus. Es entstehen Zweige, welche nur *Laburnum* und andere, welche nur *purpureus* sind. Erstere sind stark und langlebig, letztere bleiben schwach und sterben oft nach wenigen Jahren ab, weshalb sie seltener gesehen werden. Aber auch in diesem Punkte gleichen sie durchaus den betreffenden Eltern.

Im Innern des Bastardes liegen die Träger der elterlichen Eigenschaften somit so, daß sie so zu sagen jeden Augenblick durch einen einfachen Schnitt völlig getrennt werden können. Und wenn nicht durch einen einfachen Schnitt, so doch durch eine physiologische Spaltung, welche genau zwischen den beiden elterlichen Gruppen durchgeht und nicht etwa in der einen eine Spur der anderen hinterläßt.

In dieser Weise haben wir uns allgemein den inneren, unsichtbaren Bau der Bastarde zu denken. Die Träger der beiderseitigen elterlichen Eigenschaften sind innig verbunden und beherrschen zusammen die sichtbaren Merkmale. Aber sie sind keineswegs zu einem neuen einheitlichen Wesen verschmolzen. Sie bilden Zwillinge, bleiben aber lebenslang trennbar.

So schöne Beispiele von Spaltungen wie der erwähnte *Cytisus* gibt es wohl sonst nicht in der ganzen Natur. Aber bei geringeren Differenzen der Eltern kommen Spaltungen der elterlichen Typen im vegetativen Leben der Bastarde mehrfach vor. Viele Gartenpflanzen und namentlich die Blumenzwiebeln liefern dafür Beispiele; Erbsen, Mais, Sauerklee, Anagallis, Orangen und mehrere andere sind bekannte Fälle. Die Früchte, welche halb Zitrone und halb Orange sind, gehören zweifelsohne zu dieser

Gruppe. Unter den Bastarden des gewöhnlichen und des dornlosen Stechapfels (*Datura Stamonium*) hat man, obgleich sehr selten, einzelne gefunden, welche eine ähnliche Spaltung zeigten, und welche sogar auf derselben Frucht sowohl bewaffnete, als auch dornlose Fächer trugen. In meinem Garten kultiviere ich seit vielen Jahren eine *Veronica longifolia*, welche ein Bastard von der blauen Art und der weißen Varietät ist, und dementsprechend blau blüht. Aber von Zeit zu Zeit treten Spaltungen ein, indem entweder eine einzelne Traube weiß blüht, oder auch nur einzelne weiße Blüten inmitten der sonst blauen Traube gesehen werden.

Während des ganzen Lebens, bis zu dem Zeitpunkte der Entstehung der Fortpflanzungszellen, bleibt in dieser Weise der innere Dualismus bestehen. Bisweilen findet man die Beweise sogar in der anatomischen Struktur der Gewebe und der einzelnen Zellen, indem auch hier die elterlichen Merkmale sich verlieren und eine mosaikartige Bildung eintritt.

MACFARLANE, der wohl am eingehendsten die anatomische Struktur der Hybriden studiert hat, erkennt überall das Dualitätsprinzip an, und betrachtet geradezu jede einzelne vegetative Zelle eines Bastardes als eine hermaphroditische Bildung. Und der berühmte französische Hybridenkenner NAUDIN sprach sich schon vor etwa vierzig Jahren in ähnlicher Weise aus. L'hybride est une mosaique vivante, sagt er; wir erkennen die einzelnen Teile nicht, so lange sie innig gemischt bleiben, aber gelegentlich trennen sie sich, und vermögen wir sie zu unterscheiden.

Wir betrachten es also als feststehend, daß in den Kindern, die Erbschaften der Väter und der Mütter zwar verbunden, nicht aber zu einer neuen Einheit zusammengeschmolzen sind. Unter gewöhnlichen Umständen stets regelmäßig zusammenwirkend, verlieren sie aber die Fähigkeit nicht, sich gelegentlich zu trennen.

Jetzt aber entsteht die Frage, was anatomisch von dieser Verbindung zu sehen ist. Kann man auch innerhalb der Zellen die dualistische Bildung beobachten? Liegen auch hier die elterlichen Erbschaften als Zwillinge nebeneinander?

Die erblichen Eigenschaften liegen in den Kernen, wie zuerst von Häckel ausgesprochen und dann von O. Hertwig, und für die Pflanzen von Strasburger nachgewiesen wurde. Dieser wichtige Satz bildet augenblicklich die von allen Forschern anerkannte Grundlage der ganzen anatomischen Erblichkeitslehre. Wir dürfen somit erwarten, auch in den Kernen den Dualismus der elterlichen Eigenschaften wieder zu finden.

Jede Zelle besitzt in der Regel einen Kern. Dieser beherrscht die Lebenstätigkeit, ohne ihn können zwar die laufenden Funktionen sich abspielen, neue werden aber nicht eingeleitet. In gewissen Fadenalgen (Spirogyra) gelang es Gerassimow, Zellen ohne Kerne entstehen zu lassen; sie blieben einige Wochen am Leben, ernährten sich kräftig, aber gingen dennoch stets ohne irgendwelche Neubildung zu Grunde. In manchen Gewebezellen wandert der Kern stetig umher, und hält sich nach HABERLANDTS Untersuchungen dort am längsten auf, wo die Arbeit der Zelle zeitweise am kräftigsten ist, wie bei einseitigem Wachstum, Haarbildung, lokaler Anhäufung des Chlorophylls u. s. w.

Am deutlichsten sieht man die Konzentration der erblichen Eigenschaften in den Geschlechtszellen. Hier sind die sonstigen Funktionen auf ein ganz geringes Maß herabgesetzt. Der Kern waltet gänzlich vor. In dem männlichen Sperma ist die Tätigkeit des Protoplasma auf die Wanderung und auf das Aufsuchen der weiblichen Zellen beschränkt. Der Körper besteht fast ausschließlich aus dem Kern. Bei den höheren Pflanzen fehlen den Spermatozoen sogar die Organe der eigenen Bewegung; sie werden in den Pollenschläuchen passiv der Eizelle zugeführt. Diese letzteren pflegen unbeweglich und im Vergleich zu den männlichen Elementen schwerfällig zu sein, denn sie enthalten die für das anfängliche Wachstum des Keimes und für die ersten Zellteilungen erforderlichen Nährstoffe.

Die Befruchtung besteht nun in der Vereinigung zweier Zellen, des männlichen Spermatozoids mit der weiblichen Eizelle. Diese Vereinigung ist das Mittel, die Erbteile der beiden Eltern zu verbinden, und es spielen dabei also die Kerne die Hauptrolle. Der Kern der Eizelle pflegt in deren Mitte zu liegen; der männliche Kern geht quer durch das umringende

Plasma zu ihr. Bisweilen sieht man ganz deutlich, daß ihm sein eigenes Protoplasma dabei überflüssig ist, denn er streift es ab, und hinterläßt es an der Grenze der Eizelle. Bei den Cykadeen, deren Spermatozoen so groß sind, daß sie mit dem unbewaffneten Auge gerade noch gesehen werden können, bleibt die Plasmahaut mit ihren sämtlichen Wimpern in den äußeren Schichten der Eizelle liegen, während nur der Kern tiefer hineindrängt. WEBBERS-IKENOS schöne Untersuchungen haben diesen Vorgang ans Licht gebracht.

Schließlich berühren die beiden Kerne einander, und verbinden sie sich zu einem einzigen Körper. Dieses ist der wichtigste Moment der Befruchtung, der ganze physiologische Prozeß findet in dieser Vereinigung seinen Abschluß.

Fragen wir jetzt, was damit erreicht wird. Anscheinend sehr wenig. Denn die beiden elterlichen Kerne schmiegen sich nur aneinander an. Eine Durchdringung oder Verschmelzung ihrer Substanz findet nicht statt. Sie bleiben getrennt trotz der Verbindung. Mit der Befruchtung fängt das Leben des neuen Keimes an, und zwar in den meisten Fällen sofort. Ursprünglich eine einzige Zelle, teilt sich der Keim bald in zwei, bald darauf in mehrere. Aber dieser Anfang des vegetativen Lebens findet überall statt, bevor die beiden elterlichen Kerne näher aneinander getreten sind. Erst nach der ersten Teilung wird die Grenze unkenntlich, indem hier die Bestandteile der väterlichen und mütterlichen Hälften in eine so innige Berührung treten, daß wenigstens der Schein einer Verschmelzung zu stande kommt.

Es war der belgische Forscher VAN BENEDEN, der diese alles beherrschende Tatsache zuerst entdeckte. Er beobachtete die Selbständigkeit der väterlichen und mütterlichen Kerne zuerst beim Spulwurm, *Ascaris*, dann auch sonst im Tierreich, und erkannte sofort ihre Bedeutung. Da das Leben ohne Durchmischung der beiden Kerne anfangen konnte, betrachtete er eine solche auch als dazu nicht erforderlich, und nahm an, daß zeitlebens die beiden Kerne ihre Selbständigkeit mehr oder weniger vollkommen behalten.

Dieser Anschauung gemäß sind die Kerne Doppelwesen, und wir finden den Dualismus, den GOETHE in seinen Sprüchen in Reimen besang, und den die Spaltungen der Bastarde uns so klar vor die Augen führen, somit auch bei den stofflichen Trägern der erblichen Eigenschaften wieder. VAN BENEDEN wählte für die so verbundenen väterlichen und mütterlichen Kerne den Namen Vorkerne oder Pronuclei, er spricht vom *Pronucleus mâle* und vom *Pronucleus femel.* Diese Bezeichnung hat sich seitdem erhalten; sie empfiehlt sich namentlich deshalb, weil man die Verbindung der beiden Kerne einfach den Kern der Zelle zu nennen pflegt; man wird die Bezeichnung auch wohl nicht ändern, trotz der Anerkennung der doppelten Natur des Kerns.

Die Vorkerne sind für uns also die Einheiten; die Kerne sind eigentlich Doppelkerne.

Bliebe die Grenze zwischen den beiden Vorkernen zeitlebens ebenso deutlich, als vor und bei der ersten Teilung, so würde van Benedens Ansicht kaum irgendwelche Schwierigkeiten haben. Dem ist aber nicht so. Allmählich verwischt sich die Grenze, und im späteren Leben ist davon in den meisten Fällen nichts mehr zu sehen. Der Formenreichtum der Natur ist aber glücklicherweise ein solcher, daß die allgemeinen Erscheinungen in den verschiedenen Organismen uns mit sehr verschiedener Deutlichkeit entgegentreten. Und so ist es auch hier. Bei der einen Art verliert sich die Grenze der Vorkerne früher, bei der andern später. Es kommt somit nur darauf an, die besten Beispiele ausfindig zu machen, das heißt Arten auszusuchen, bei denen die väterlichen und mütterlichen Erbteile am längsten sichtlich getrennt bleiben.

Solche Beispiele entdeckt zu haben ist das große Verdienst von Rückert und von Häcker. Sie fanden in dem einäugigen Wasserfloh unserer süßen Gewässer, dem bekannten *Cyclops vulgaris* und dessen nächsten Verwandten, eine Gruppe von Tieren, in denen die Vorkerne längere Zeit deutlich getrennt bleiben. Bisweilen während einiger aufeinanderfolgender Zellteilungen, bisweilen längere Zeit und in den besten Fällen nahezu während des ganzen vegetativen Lebens kann man hier die Doppelnatur der Kerne unmittelbar sehen. Was van Beneden aus den Anfangsstadien folgerte, erhielt hier einen unwiderleglichen Beweis.

Mehr oder weniger deutlich und während einer kürzeren oder längeren Reihe von Zellteilungen wurde die Doppelnatur der Zellkerne von anderen Forschern auch in anderen Fällen nachgewiesen. Bei Toxopneusthes beobachtete sie Fol, bei Siredon Kölliker, bei Artemia Brauer, bei Myzostoma Wheeler, beim Axolotl Bellonci. Diese und zahlreiche andere Beobachtungen erheben jetzt unseren Satz wohl über allen Zweifel. Die Selbständigkeit oder Autonomie der Vorkerne entspricht überall dem Modus der Verbindung der sichtbaren elterlichen Eigenschaften im Kinde.

In der Schneckengattung *Crepidula* entdeckte Conklin neuerlich einen Fall, in welchem die Doppelnatur der Kerne wo möglich noch deutlicher und leichter sich nachweisen läßt, als beim Cyclops. Bleiben die beiden Vorkerne zeitlebens nebeneinander liegen, so entsteht die Frage, wie sie zusammen die Entwicklung des Kindes, die Entfaltung seiner Eigenschaften beherrschen. Auch hier greifen die Ergebnisse der Physiologie und der Anatomie aufs schönste ineinander, und auch hier sind Goethes Versregeln die Richtschnur. Vom Vater werden bestimmte, von der Mutter andere Eigentümlichkeiten geerbt. Der eine erbt sie in dieser, ein andrer in einer andren Mischung. Das Erbteil besteht somit aus getrennten Einheiten, welche in verschiedenen Kombinationen im Kinde verbunden sein können. Gerade dasselbe lehren uns die Bastarde, namentlich in ihren Nachkommen, und die reiche Blumenpracht unserer Gartenpflanzen zeigt uns, welche unendliche Fülle von Verbindungstypen bereits mit verhältnismäßig wenigen Merkmalen erreicht werden kann.

Wir wollen aber jetzt noch nicht das Gebiet der Kerne verlassen. Die Selbständigkeit der sämtlichen inneren Anlagen, welche auf physiologischem Gebiete am schärfsten in der Pangenesislehre ausgesprochen ist, können wir selbstverständlich in den Kernen sich abspiegeln zu sehen nicht hoffen. Wir müssen uns hier, wenigstens vorläufig, damit begnügen, überhaupt selbständige Teile in den Kernen wiederzufinden.

Den älteren Forschern, und unter den Botanikern namentlich Hofmeister, war es wohlbekannt, daß die Kerne keine strukturlosen Gebilde sind, sondern mehr oder weniger deutlich gewisse innere Organe erkennen lassen. Aber erst vor etwa einem Vierteljahrhundert gelang es auf zoologischem Gebiete Flemming und auf botanischem Strasburger, gestützt auf bessere Untersuchungsmethoden, eine tiefere Einsicht in diese Struktur zu erlangen, und bald darauf zeigte Roux, wie diese Errungenschaften mit den Erfordernissen der Erblichkeitslehre durchaus im Einklang stehen. Seitdem haben zahlreiche Forschungen diese Erfahrungen bestätigt und erweitert, vor allem aber hat Boveri in der Erscheinungen Flucht die Hauptzüge hervorgehoben. Ihm verdanken wir den Grundsatz von der Selbständigkeit der einzelnen sichtbaren Bestandteile der Kerne, ein Grundsatz, der, trotz vielfacher Bekämpfung, immer weitere Stützen gewinnt, und der in den neuesten Studien SUTTONS eine glänzende Bestätigung gefunden hat.

Was BOVERIS Lehre uns bietet, ist in der Hauptsache das Folgende. Die Gesamtheit der Träger der erblichen Eigenschaften liegt im Protoplasma des Kernes, im Kernsaft, wie man es gewöhnlich nennt, als bestimmte, mit verschiedenen Methoden deutlich erkennbare Teilchen, welche zusammen zu Fäden verbunden sind. Die einzelnen Träger kann man allerdings nicht sehen, dazu gibt es deren zu viele, auch sind sie zu klein. Auch gelingt eine Zählung der kleinsten sichtbaren Körnchen nur äußerst selten. In den Kernen eines amerikanischen Salamanders, Batrachoseps, sind die Kernfäden wohl am deutlichsten gegliedert; es gelang GUSTAV EISEN wenigstens eine annähernde Zählung der kleinsten sichtbaren Körnchen vorzunehmen. In jedem Vorkern bilden sie zwölf Hauptteile, die sogenannten Chromosomen. Jedes Chromosom zeigte in der Regel eine Gliederung in sechs Abschnitte oder Chromomere, und jedes Chromomer läßt im Mittel wiederum einen Aufbau aus sechs kleinsten Körnchen, den Chromiolen, erkennen. Im ganzen gibt es hier also etwa 400 unterscheidbare Teilchen im einzelnen Vorkern. Die Zahl der erblichen Eigenschaften ist aber für einen solchen Organismus gewiß eine viel größere als 400, sie wäre eher auf das Zehnfache dieses Wertes zu veranschlagen. Wir müssen uns somit in den Kernen vorläufig mit der Beobachtung von Gruppen von Einheiten begnügen.

Sicherlich wird es später gelingen, auch die einzelnen Einheiten zu sehen. Doch die Leistungsfähigkeit unserer Mikroskope erreicht auch einmal ihre Grenzen, und viel kleinere Körnchen, als die bis jetzt sichtbaren kleinsten Elemente, wird man wohl niemals sehen können. Sind doch bis jetzt sogar die Erreger mancher Ansteckungskrankheiten, sowohl bei Pflanzen als bei Tieren, noch völlig unsichtbar. Doch lassen die Berechnungen, welche jüngst ERRERA über die Grenze der Kleinheit der Organismen angestellt hat, uns noch den erforderlichen Spielraum. Für einen Mikrokokkus findet er einen Aufbau aus etwa 30000 Eiweißmolekeln, viele Zellkerne sind aber ganz bedeutend größer. Aus wie vielen Molekülen ein ganzer Kernfaden besteht, läßt sich noch nicht ermitteln, doch darf man als gewiß annehmen, daß nicht jedes seiner Körnchen einen so komplizierten Bau hat, daß es die Anlage zu allen Eigentümlichkeiten des ganzen Organismus in sich bergen könnte. Vielmehr spricht gerade ihre Kleinheit dafür, daß jedes von ihnen höchstens eine kleine Gruppe von solchen Einheiten vertreten kann.

Dieses einerseits auf mikroskopischem Wege, anderseits durch Experimente zu beweisen, ist die Aufgabe, welche BOVERI sich gestellt hat.

Das in weitaus den meisten Kernen durch bestimmte Färbemittel erkennbare Fadengerüst wird jetzt wohl von allen Forschern als der Träger der erblichen Eigenschaften, als das Idioplasma, anerkannt. Dieser Faden ist ganz fein und bildet anscheinend einen Knäuel. Aber wenn der Kern sich zu einer Teilung vorbereitet, zieht sich der Faden zusammen, und dabei zeigt sich, was man vorher nicht sehen konnte, daß er aus mehreren getrennten Fäden besteht. Es gibt im Kerne nicht einen Faden, sondern mehrere. Ist die Kontraktion des Fadens soweit vorgeschritten, daß die einzelnen Teile ganz kurz und dick geworden sind, so nennt man sie Chromosome. Diese liegen in den Kernen der Körperzellen stets in gerader Zahl, die eine Hälfte gehört dem väterlichen, die andre dem mütterlichen Vorkerne an.

Es gelang nun Boveri, in einer Reihe mustergültiger Untersuchungen zu zeigen, daß die einzelnen Chromosome, wenn sie sich nach abgelaufener Teilung wieder verlängern, dabei ihre Selbständigkeit behalten. Sie bleiben das ganze Leben hindurch dieselben, verlängern und verkürzen sich aber abwechselnd und während der ganzen Entwicklungszeit fortwährend. Zweck der Verkürzung ist die Ermöglichung der regelmäßigen Trennung aller Teile bei der Zellteilung; die Fäden spalten sich dann der Länge nach in solcher Weise, daß jeder einzelne Erbschaftsträger sich erst verdoppelt, und dann seine beiden Hälften in die beiden Tochterkerne schickt. Solches wäre selbstverständlich in einem Knäuel kaum ausführbar. Ziel der Verlängerung ist dagegen offenbar eine Erlösung der Erbschaftsträger aus jener dichtgedrängten Anhäufung; ihre Aufgabe ist es, die Lebensverrichtungen der Zelle zu beherrschen und zu leiten, und dazu müssen sie in möglichst ungehinderte Berührung mit dem Körperplasma treten. Eine reihenweise Anordnung, wenigstens derjenigen Träger, welche in Aktivität treten müssen, ist dafür die Bedingung, und diese wird offenbar durch die Verlängerung der Fäden und die Knäuelbildung angestrebt.

Um einen regelmäßigen Rückzug der einzelnen Fäden aus dem Wirrwarr des Knäuels zu ermöglichen, ist jeder Faden an einem Ende mit der Kernwandung fest verbunden. Auf diesen Punkt zieht er sich zurück; es ist zu gleicher Zeit der Punkt, an dem seine beiden Hälften, nach der Spaltung, bei der Zellteilung auseinander gezogen werden. Die ganze Regelmäßigkeit des Vorganges wäre ohne diese von Boveri nachgewiesene feste Einpflanzung der einzelnen Kernfäden gar nicht zu erklären. Wo die Kerne buchtig sind und die Kernfäden in den einzelnen Buchten eingeheftet sind, liegen die Verhältnisse ohne weiteres klar.

Bei einer Heuschreckenart, *Brachystola magna*, fand Sutton dieselbe Einpflanzung der Kernfäden in den Buchten des Kernes. Hier aber bildet jeder Faden, und es gibt deren in jedem Vorkerne elf, nach der Zellteilung einen Knäuel, welcher lange Zeit von den übrigen Knäueln desselben Kernes getrennt bleibt, und die Selbständigkeit der Chromosomen läßt sich hier also auch im Knäuelstadium unmittelbar nachweisen.

Diese Heuschrecke hat sich in SUTTONS Studien noch in einem anderen Punkte als sehr lehrreich ergeben.

Im allgemeinen findet man in den verschiedensten Kernen die einzelnen Chromosome von ungleicher Länge. Aber bei der erwähnten Heuschreckenart tritt diese Länge derart charakteristisch auf, daß die Chromosome in den aufeinander folgenden Zellteilungen deutlich wieder zu erkennen sind. Die den aufeinander folgenden Stadien entnommenen Bilder lassen ohne weiteres die Identität der kurzen und dicken Kernfäden verfolgen. Dabei zeigt es sich, daß in den Doppelkernen die Kernfäden paarweise liegen, d. h. daß es von jeder einzelnen Länge zwei Kernfäden gibt. Offenbar gehören diese derart zusammen, daß in jedem Paar der eine Faden dem väterlichen und der andre dem mütterlichen Vorkerne angehört. Eine Grenze zwischen diesen ist allerdings nicht zu sehen, dennoch ist ihre Selbständigkeit durchaus deutlich. Und dieses stimmt zu der oben entwickelten Auffassung, daß je nach der untersuchten Art diese Grenze das eine Mal länger, das andere Mal kürzer der Beobachtung zugänglich bleibt.

Die mikroskopischen Untersuchungen lehren uns also die Selbständigkeit der beiden Vorkerne, sowie die Autonomie der einzelnen Kernfäden oder Chromosome während der Entwicklung des ganzen Körpers kennen. Die Übereinstimmung dieser Erfahrung mit den Erscheinungen der Vererbung darf als völlig feststehend betrachtet werden.

Eine andere Frage ist es aber, ob auch die einzelnen Chromosome speziellen Gruppen von erblichen Eigenschaften entsprechen, d. h. also, ob die Träger der letzteren in den Kernfäden streng lokalisiert sind. Diese Frage ist offenbar nur auf physiologischem Wege zu beantworten. Sie geht darauf aus, zu entscheiden, ob beim Mangel bestimmter Chromosome, oder bestimmter Teile in diesen, wie einzelner Chromomere und Chromiolen, auch bestimmte äußere Eigenschaften des Organismus wegfallen würden. Wenn es möglich wäre, irgend ein Kernkörnchen zu töten, ohne sonst den Keim zu schädigen, was würden dann die Folgen sein?

Engelmann hat uns in seiner bahnbrechenden Untersuchung über die Tätigkeit der einzelnen Chlorophyllkörner gelehrt, wie man den Brennpunkt einer Linse in einem mikroskopischen Präparate herumführen und dadurch ganz kleine Teilchen einer Zelle beleuchten, aber auch erhitzen und durch die Hitze töten kann. Könnte man in dieser Weise einen Teil eines Kernfadens töten, gewiß würden die äußerlich sichtbaren Folgen auf Beziehungen dieses Teiles zu den erblichen Eigenschaften schließen lassen. Vielleicht läßt sich nach diesem Prinzip einmal eine Erbschaftsanalyse vornehmen, aber so weit ist die Technik noch nicht vorgeschritten.

Doch es gibt andere Mittel, um einzelne Chromosome zu entfernen, und diese verdanken wir wiederum den klassischen Untersuchungen Boveris. Er fand sie in abnormalen Befruchtungsvorgängen, wie sie bei

Seeigeleiern und Seesternen bisweilen vorkommen und ziemlich leicht künstlich hervorgerufen werden können. Es würde zu weit führen, hier auf die Einzelheiten einzugehen. Für unseren Zweck ist es das Wichtigste, daß man durch gewisse Eingriffe eine Befruchtung eines Eies mit zwei Spermatozoen erreichen kann. Dieser Vorgang, die Dispermie, führt in dem Kern des Keimes nicht zu einer doppelten, sondern zu einer dreifachen Anzahl von Chromosomen. Bei den darauf folgenden Teilungen verwirren sich die Verhältnisse entsprechend und es kommen fast alle denkbaren abnormalen Chromosomzahlen vor. Die Keime entwickeln sich aber in manchen Fällen dennoch und zeigen nun Abweichungen vom normalen Typus, welche gesetzmäßige Beziehungen zu dem Baue ihrer Kerne erkennen lassen. Ohne Zweifel können die Keime jedesmal nur jene Eigenschaften entfalten, deren Vertreter gerade in ihren Kernen erhalten geblieben sind.

Wir verlassen jetzt die Kernfäden und kehren zu den beiden Vorkernen zurück. Wir sahen sie während der ganzen Entwicklung des Körpers innig miteinander verbunden. Nun entsteht die Frage, wie lange dieses Band bestehen bleibt. Und da die Doppelkerne des Körpers bei der Befruchtung entstanden sind, so leuchtet es ein, daß die Befruchtungszellen einfache Kerne haben müssen, daß somit die Trennung der Vorkerne bei der Entstehung der Befruchtungszellen stattfinden muß.

Diese Tatsache ist sowohl im Tierreich wie auch

bei den Pflanzen so allseitig festgestellt, daß sie als eine der besten Stützen der ganzen Befruchtungslehre betrachtet werden darf. Überall, wo es möglich ist, die Chromosomen zu zählen, findet man in den Körperzellen deren doppelt so viele, wie in den Geschlechtszellen. Jene enthalten Doppelkerne, diese einfache Kerne oder Vorkerne.

Die Geschlechtszellen entstehen bei den Tieren unmittelbar aus den Körperzellen, bei den Pflanzen aber mittels mehr oder weniger langer Vorbereitungen. Dementsprechend trennen sich die beiden Vorkerne bei den Tieren bei der Bildung der Ei- und Samenzellen, bei den Pflanzen aber vorher. Bei den Blütenpflanzen ist es der Zeitpunkt der Entstehung der Mutterzellen des Pollens und der Embryosäcke. Sämtliche Zellengenerationen, welche nach diesem Augenblicke und bis zur definitiven Anlage der Eizellen im Embryosacke und der Samenzellen in den Pollenkörnern und deren Schläuchen auftreten, besitzen also nur Vorkerne. Man nennt solche Zellen sexuelle, ihre Bildungsperiode die sexuelle Generation. Bei den Farnen liegt zwischen der Entstehung der Sexualzellen und dem Auftreten der Ei- und Samenzellen die ganze Lebenszeit des Prothalliums. Dieses kleine, aber doch aus Hunderten von Zellen aufgebaute Pflänzchen besitzt dementsprechend, wie Strasburger gezeigt hat, nur Vorkerne. Den Wechsel der geschlechtlichen Prothallien und der ungeschlechtlichen Farnpflanzen nennt man Generationswechsel; beide Generationen unterscheiden sich somit voneinander ganz wesentlich durch ihre Kerne, welche bei den beblätterten Pflanzen stets Doppelkerne, in den Vorkeimen aber stets Vorkerne sind. Dieser Unterschied ist ein so durchgreifender, daß man fast geneigt wäre, die Vorkerne geradezu Vorkeimkerne zu nennen.

In dem Augenblicke, wo die beiden Vorkerne sich trennen, treten statt der Doppelkerne einfache Kerne auf, und wird die doppelte Zahl der Kernfäden somit auf die einfache zurückgeführt. Man pflegt diesen Vorgang die numerische Reduktion der Chromosome zu nennen; es bedeutet dieser stattliche Namen aber weiter nichts, als die Trennung zweier Kerne, welche bis dahin eine Zeitlang zusammengearbeitet haben. Es ist ein Abschied zwischen zwei Personen, welche eine Zeitlang nebeneinander denselben Weg gegangen sind, und welche sich jetzt eine andere Gesellschaft aufsuchen wollen. Und dieses erreichen sie bei der Befruchtung.

Dieser Abschied ist von zahlreichen Forschern ausführlich studiert worden. Er macht den Eindruck einer Kernteilung ganz besonderer Natur, und wird vielfach Reduktionsteilung oder heterotypische Kernteilung genannt. Er ist notwendigerweise von einer Zellteilung begleitet, da die beiden getrennten Vorkerne sich ja nur in besonderen Zellen voneinander entfernen können, doch pflegt diese Zellteilung nicht unmittelbar zu folgen, sondern erst nach einer zweiten, im wesentlichen normalen Teilung der Kerne. Es entstehen dann vier Schwesterzellen statt zwei wie gewöhnlich.

Kurze Zeit vor dem Abschiede liegen die Chromosome paarweise zusammen, je eins im väterlichen Vorkerne mit dem entsprechenden Faden des mütterlichen Vorkernes verbunden. Sie liegen dabei der Länge nach nebeneinander. Die Trennung erfolgt somit offenbar auch durch eine Längslinie, und in weitaus den meisten Fällen ist diese sogenannte Längsspaltung der Chromosompaare bei der Entstehung der Vorkerne beobachtet worden. Allerdings gelingt solches nicht immer auf den ersten Blick, und haben gerade hier Meinungsverschiedenheiten zwischen verschiedenen Forschern die Klarheit des Bildes längere Zeit getrübt. Allmählich aber stellt es sich heraus, daß es eine Reihe von Nebensachen gibt, welche die Hauptzüge verdecken können, und daß diese letztere für das Pflanzenreich jetzt klar hervortreten, verdanken wir namentlich Strasburger. Im Tierreich dagegen gibt es immer noch eine Reihe von Fällen, welche sich dieser Regel nicht fügen, und wo die Chromosome der Vorkerne im Momente der Trennung nicht der Länge nach nebeneinander liegen, sondern mit dem einen Ende verbunden sind. Die Trennung geschieht hier also in der Weise einer Querteilung. Manche Insekten und Süßwasserkrebse, einige Weichtiere und Würmer bilden die bekanntesten Beispiele, doch lassen die allerneusten Studien von de Sinéty, Cannon und anderen der Auffassung Raum, daß die mikroskopischen Bilder auch hier bei näherer Prüfung einen besseren Anschluß an das sonst geltende Schema gestatten werden. Möglich ist es auch, daß nach der Längstrennung die Kernfäden noch eine Zeitlang mit ihren Enden verbunden bleiben, bevor sie sich für immer verabschieden.

Die männlichen und die weiblichen Geschlechtszellen pflegen in getrennten Organen, oft auf besonderen Individuen zu entstehen. Es geht daraus hervor, daß bei ihrer Entstehung aus den Körperzellen die väterlichen Vorkerne nicht zu Spermatozoen und die mütterlichen zu Eizellen werden. Im Gegenteil können die beiden Vorkerne einer Mutterzelle im Ovarium zu Eikernen werden und die beiden Vorkerne einer Pollenmutterzelle durch weitere Teilungen Veranlassung zu der Bildung von Spermatozoiden geben. Demzufolge erhält die Hälfte der sich bildenden Spermatozoen väterliche, jetzt also großväterliche Vorkerne, die andere Hälfte aber großmütterliche. Dasselbe gilt von den Eizellen, und behält seine Gültigkeit trotz des Umstandes, daß von diesen regelmäßig der größere Teil infolge der engen Raumverhältnisse der Ovarien geopfert werden muß. Bei der Befruchtung können also Kinder entstehen mit nur großväterlichen oder nur großmütterlichen Vorkernen, oder mit beiden zusammen. Dieser Umstand dürfte für die Beurteilung der Ähnlichkeit zwischen Großeltern und Großkindern nicht ohne Bedeutung sein.

Doch ist er keineswegs ausschlaggebend; die tägliche Erfahrung lehrt, daß nicht nur bei einem Teile, sondern zweifelsohne in allen Kindern die Eigenschaften, auch der Großeltern, vermischt sein können. Dieses deutet darauf hin, daß der Abschied der Vorkerne nicht so einfacher Natur ist, wie er nach den mikroskopischen Bildern zu sein scheint. Es muß dabei noch etwas anderes stattfinden, was sich bis jetzt dem bewaffneten Auge entzieht, was also wohl in den kleinsten, aber nicht mehr sichtbaren Körnchen der Kernfäden sich abspielt. Daß dem so ist, lehren uns namentlich die Vorgänge bei den Bastarden und deren Fortpflanzung. Hier finden Spaltungen und neue Kombinationen der großelterlichen Merkmale in anscheinend unabsehbarer Menge statt, hier zeigt sich deutlich, daß die Vorkerne nicht ohne eine dauernde gegenseitige Beeinflussung auseinander gehen.

Über diese Beeinflussung wollen wir zunächst versuchen, uns eine Vorstellung zu machen, da die Tatsachen der Bastardlehre ziemlich verwickelt sind; sie lassen sich am einfachsten und am klarsten mit Hilfe einer solchen hypothetischen Vorstellung vortragen. Wir nehmen also eine gegenseitige Beeinflussung als feststehend an, und fragen, wie diese stattfinden kann.

Zu allererst leuchtet ein, daß sie vor dem Abschiede der Vorkerne abgelaufen sein muß. Sind diese einmal auseinander gegangen, so hört jede engere Beziehung zueinander auf. Sie gehen getrennte Wege, sie leben jeder für sich. Nur in den Doppelkernen liegen die väterlichen und mütterlichen Vorkerne so dicht zusammen, daß ihre einzelnen Teile aufeinander einen Einfluß ausüben können.

Ferner haben wir gesehen, daß im Laufe des

Lebens eines Doppelkernes während der aufeinanderfolgenden Zellteilungen, von der ersten Entstehung des Keimes bis zur völligen Ausbildung des Kindes, die Aneinanderlagerung der Vorkerne allmählich eine innigere wird. Vor der ersten Zellteilung sind sie in der Regel noch sichtbar getrennt, bald darauf fängt die Grenze an undeutlicher zu werden, und kurze Zeit vor der Bildung der Sexualzellen ist die Doppelnatur nur noch in den seltensten Fällen aus besonderen Strukturverhältnissen mit Sicherheit zu erschließen. Es ist somit klar, daß die Gelegenheit zu einer gegenseitigen Beeinflussung während des körperlichen Lebens allmählich zunimmt. Vielleicht findet sie erst in der allerletzten Zeit statt, vielleicht sogar nur in dem Momente, welcher dem Abschiede unmittelbar vorangeht. Eine Entscheidung läßt sich hierüber noch nicht treffen. Doch sprechen die oben erwähnten vegetativen Spaltungen der Bastarde dafür, daß der Vorgang möglichst lange hinausgeschoben wird. Auch scheint es einfacher, anzunehmen, daß er nur in jenen Zellen stattfindet, welche tatsächlich zu der Bildung von Sexualzellen führen, denn in den Blättern, der Rinde und den sonstigen vegetativen Teilen des Körpers hätte er offenbar keine Bedeutung.

Wir denken uns die gegenseitige Beeinflussung somit in der letzten Zeit oder gar in dem allerletzten Augenblicke vor dem Abschiede der Vorkerne vorkommend. Im ersteren Fall könnte sie lange anhalten, im letzteren müßte sie plötzlich stattfinden.

Im ersteren Fall könnten die einzelnen Teile der Kernfäden nacheinander sich ausgleichen, im letzteren müßte solches überall gleichzeitig geschehen.

Wie der Vorgang zustande kommen kann, das ergibt sich von selbst, wenn wir für die einzelnen sichtbaren Eigenschaften der Organismen besondere Anlagen, besondere Körnchen im Kernfaden annehmen. So viele einheitliche Eigenschaften eine Pflanze oder ein Tier besitzt, so viele Anlagen muß es im Kerne geben. Und zwar selbstverständlich in jedem der beiden Vorkerne. In dem Zustande der kurzen und dicken Chromosome liegen diese Anlagen haufenweise zusammen; dieses Stadium ist für die Zellteilung bestimmt, die Anlagen, wenigstens diejenigen im Innern der Häufchen, verharren in gezwungener Untätigkeit. Aber sobald die Zellteilung beendet ist, strecken sich die Kernfäden; sie werden ganz lang und dünn, und wohl so lang, daß ein großer Teil, vielleicht die meisten, vielleicht alle, an die Oberfläche treten. Wenigstens streckenweise müssen dann die Körnchen der Reihe nach hintereinander liegen, vielleicht in den Fäden selbst, vielleicht in deren feineren Verästelungen. Jetzt können sie tätig werden, und wenn auch jetzt die Kernfäden des väterlichen und diejenigen des mütterlichen Vorkernes paarweise zusammen liegen, so kann jedes Körnchen zu seinem Nachbarn im anderen Vorkerne in Beziehung treten.

Es liegt kein Grund vor, anzunehmen, daß die äußerst feine, auffallend zweckentsprechende und dazu doch so einfache Struktur der Kerne auf das uns bis jetzt Sichtbare beschränkt sei. Gerade im Gegenteil deutet alles darauf hin, daß auch im inneren Baue der Kernfäden dieselbe zweckdienliche Gesetzmäßigkeit vorherrschen muß. Der ganze komplizierte Prozeß der Kernteilung zielt darauf hin, die beiden Vorkerne derart zu teilen, daß ihre Tochterkerne den gleichen Anteil an den vorhandenen erblichen Eigenschaften erlangen. Die Verlängerung der Kernfäden nach abgelaufener Teilung, ihre so häufige Verästelung und das anscheinend regellose Durcheinanderschlingen ihrer Teile zielt offenbar auf die Möglichkeit einer Beherrschung des Zellenlebens von seiten der Träger der Erbschaften. Diese müssen entweder auf dynamischem Wege, oder wie ich in meiner intracellularen Pangenesis angenommen habe, durch Ausscheidung stofflicher Teilchen dem umgebenden Protoplasma ihr Bild aufprägen, und dadurch Wachstum und Entwicklung in der vorgeschriebenen Richtung zu der spezifischen Form der Art, zu der der Organismus gehört, vorschreiten lassen.

Dieser Austritt stofflicher Chromatinteilchen aus den Kernen wurde jüngst von Conklin bei *Crepidula* nachgewiesen; es werden dabei ganz erhebliche Mengen von Chromatin, und also auch wohl von Pangenen, in das somatische Protoplasma übergeführt.

So denken wir uns auch, daß der Aufbau der Kernfäden ein solcher ist, daß er die Beziehungen der beiden Vorkerne nicht nur ermöglicht, sondern regelt und beherrscht. Bei einem gewöhnlichen Tiere oder bei einer Pflanze, welche kein Bastard ist, besitzen beide Vorkerne dieselben Anlagen, nur mit etwas verschiedenem Grade der Ausbildung. Wir nehmen also an, daß das Zusammenwirken so zu stande kommt, daß die einzelnen Anlagen in den gestreckten Fäden in derselben Reihenfolge liegen. Schmiegen sich dann die Fäden der Länge nach paarweise aneinander, so können wir uns vorstellen, daß jedesmal die gleichnamigen Anlagen der beiden Vorkerne einander gegenüberliegen werden. Und dies ist offenbar die einfachste Voraussetzung für eine gegenseitige Beeinflussung.

Bildet jede Anlage, d. h. also jede innere Eigenschaft oder jeder stoffliche Träger einer äußeren Eigentümlichkeit, in jedem Vorkern eine Einheit, und liegen die beiden gleichnamigen Anlagen in irgend einem Moment einander gegenüber, so kann man annehmen, daß sie einfach gegen einander ausgetauscht werden. Nicht alle, denn das würde nur den väterlichen Vorkern zum mütterlichen machen, sondern ein größerer oder auch nur ein kleinerer Teil. Wie viele und welche kann dann einfach dem Zufall überlassen bleiben. Es werden dadurch alle möglichen neuen Kombinationen von väterlichen und mütterlichen Anlagen in den beiden Vorkernen auftreten, und wenn diese dann bei der Bildung der Sexualzellen sich voneinander scheiden, so wird jede zum Teil väterliche, zum Teil mütterliche Anlagen in sich beherbergen. Diese Kombinationen müssen von den Gesetzen der Wahrscheinlichkeitsrechnung beherrscht werden, und es lassen sich daraus die Berechnungen ableiten, welche zu der Erklärung der verwandtschaftlichen Beziehungen der Kinder zu ihren Eltern und der Großkinder zu ihren Großeltern führen können. Andererseits wird die Vergleichung der Ergebnisse dieser Berechnung und der unmittelbaren Beobachtung das beste, und vorläufig das einzig mögliche Mittel zu einer Entscheidung über die Richtigkeit unserer Voraussetzung sein.

Die gegenseitige Beeinflussung der beiden Vorkerne kurze Zeit vor ihrer Trennung wird somit für uns zu einem Austausche von Anlagen. Jede Anlage kann nur gegen eine gleichnamige ausgetauscht werden, d. h. gegen jene, welche in dem anderen Vorkerne dieselbe erbliche Eigenschaft vertritt. Dieser Satz scheint mir durchaus unabweisbar und eigentlich selbstverständlich zu sein. Denn die Kinder müssen ja alle Artmerkmale von ihren Eltern ererben, und sie auch alle auf ihre eigenen Nachkommen übertragen. Der Austausch muß also derart stattfinden, daß jeder Vorkern die ganze Reihe der Anlagen aller Artmerkmale behält, und solches kann offenbar nur dann erzielt werden, wenn nur gleichnamige Einheiten gegen einander ausgewechselt werden.

Wir unterscheiden hier die Artmerkmale von den individuellen Kennzeichen. Erstere bilden die Einheiten in der Erbsubstanz des Kernfadens. Jede

Art hat deren eine oft überwältigend große, aber dennoch bestimmte und unveränderliche Anzahl. Gerade die Gesamtsumme dieser Einheiten bildet dasjenige, was die Art von allen anderen, auch von ihren nächsten Verwandten unterscheidet. Eine vollständige Diagnose einer Spezies müßte alle diese Merkmale, und somit alle die ihnen zu Grunde liegenden stofflichen Träger umfassen.

Die individuellen Kennzeichen, d. h. die Differenzen der Individuen innerhalb der Art, und zwar nicht der systematischen, sondern der sogenannten elementaren Art, sind ganz anderer Natur. Sie sind zwar in gewissem Grade erblich, aber dabei stetigen Veränderungen unterworfen. Die mittlere Statur des Menschen bleibt für eine und dieselbe Rasse (elementare Art) im Laufe der Jahrhunderte dieselbe, die individuelle Statur wechselt aber stetig von einem Individuum zum anderen. In den Körperzellen eines Menschen liegen die Träger der Statur des Vaters denen der Mutter gegenüber. Im Momente des Austausches werden diese gegen einander ausgewechselt und die Geschlechtszellen erhalten zum Teil die eine, zum Teil die andere Statur, dies aber in den verschiedensten Kombinationen mit den übrigen Eigenschaften. So könnte man weiter gehen. Jede sichtbare Eigenschaft, jeder Charakterzug ist in allen Individuen zu finden, in dem einen aber stark entwickelt und hervortretend, in dem anderen schwach und zurücktretend. Die gewöhnliche Beobachtung hat mehr Interesse für die Unterschiede als für die

Übereinstimmung, und dementsprechend werden die ersteren mit entgegengesetzten Ausdrücken belegt, wie groß und klein, stark und schwach, frech und bescheiden u. s. w. Das sind aber jedesmal nur Grade derselben erblichen Eigenschaft oder desselben Charakterzuges. Und solche mehr oder weniger stark voneinander abweichende Entwicklungszustände derselben inneren Anlage denken wir uns also als die Einheiten, welche von den Kernfäden ausgetauscht werden.

Die individuellen Unterschiede sind somit im Typus der Art nicht begründet. Sie bilden Abweichungen von diesem Typus, und werden als solche von Ursachen bedingt, welche man früher allgemein als Ernährungsbedingungen, jetzt wohl vorzugsweise als Lebenslage zusammenfaßt. Jede Eigenschaft kann unter diesen Einflüssen sich stärker oder schwächer entwickeln, als es dem mittleren Typus entspricht. Dabei wirkt die Lebenslage, vorausgesetzt, daß sie während der ganzen Entwicklungszeit dieselbe bleibt, auf alle sich entfaltenden Eigenschaften im gleichen Sinne. Ist sie günstig, so fördert sie alle Körperteile und alle Geistesgaben, ist sie ungünstig, so wirkt sie auf alle in entgegengesetzter Richtung. Allerdings nicht auf alle gleich stark; das hängt aber nicht von ihr, sondern von den Anlagen selbst ab, und würde noch nicht zu wesentlichen Differenzen zwischen den einzelnen Individuen leiten. Aber unsere Voraussetzung einer so gleichmäßigen Lebenslage mag wohl in den seltensten Fällen zutreffen. Und sobald sie wechselt, beeinflußt sie das eine Individuum anders als das andre. Denn die Eigenschaften entfalten sich nicht gleichzeitig, sondern nacheinander, die höheren meist später als die niederen, die Seeleneigenschaften später als die körperlichen, die Vernunft später als das Gedächtnis. Auch greift das ganze Getriebe derart ineinander, daß kleine Abweichungen sich eher zu vergrößern, als auszugleichen bestrebt sein werden. Zwei Kinder derselben Eltern, aber von verschiedenem Alter, mögen während der ganzen Jugend unter denselben Umständen leben, dennoch müssen diese auf beide verschieden einwirken. Solches gilt sogar bei den Pflanzen, wo auf demselben Beet die Verspätung der Keimung um einen einzelnen Tag je nach dem Wetter sich ausgleichen oder zu ganz auffallenden Größenunterschieden führen kann.

Wechseln günstige und ungünstige Lebensumstände während der individuellen Entwicklung miteinander ab, und treffen diese eine Gruppe von aus gleichen Keimen entstandenen Individuen in verschiedenen Perioden ihres Wachstums, so muß somit schon ein ganz bedeutender Grad von individuellen Differenzen entstehen.

Diese Differenzen spielen in der Natur dieselbe Rolle wie in der menschlichen Gesellschaft. Der eine eignet sich für diese Aufgabe, der andre für jene. Beim Menschen hat jeder die Pflicht, seine eigenen Anlagen aufs beste zu entwickeln, und für seine Kinder die Umstände für die allererste Entwicklung so günstig wie möglich zu machen. Die höchste Arbeitsleistung der ganzen Gesellschaft fordert von jedem die höchste Anstrengung in der Richtung seiner günstigsten Anlagen. Diese Richtung aufzusuchen, sollte das Ziel von Erziehung und Unterricht sein. Bei den Tieren und den Pflanzen kann offenbar die höchste Arbeitsleistung nicht auf dieselbe Weise erreicht werden, und namentlich für die Pflanzen, welche zeitlebens an denselben Ort gebunden sind, wo sie keimten, sind die Bedingungen andere. Hier hilft sich die Natur bekanntlich durch die erstaunlich große Zahl von Samen; sie sät an jeder einzelnen Stelle soviel, daß nur das allerbeste, d. h. für die betreffende Stelle gerade am meisten geeignete Individuum am Leben zu bleiben braucht. Unter Aufopferung zahlloser Keime erreicht sie aber auch hier jene Anpassung der einzelnen Exemplare, welche die Bedingung für die völlige Entfaltung ihrer Fähigkeiten und Vorzüge ist.

Auf die individuellen Unterschiede entfällt somit im Leben der ganzen Art ein überaus großes Gewicht. Je größer sie sind, um so größer ist das Vermögen der Anpassung, um so größer die Aussicht auf den Sieg.

Und hierin erblicke ich die Bedeutung der sexuellen Fortpflanzung. Sie vermischt die in den einzelnen Individuen entwickelten Anlagen in der denkbar vollständigsten Weise, sie bringt wie mit einem Schlage alle Kombinationen zu stande, welche nur möglich sind. Sie hebt, wie JOHANNSEN es ausdrückt, die bisherigen Korrelationen auf. Die ungeschlechtliche Fortpflanzung gibt einen gewissen Grad von Veränderlichkeit, und das mag in vielen Fällen, namentlich bei niederer Organisation oder bei ganz spezieller Anpassung, wie bei vielen parasitischen und saprophytischen Organismen, durchaus genügen. Die Variabilität bleibt dabei in gewissem Sinne beschränkt, mehr oder weniger einseitig, denn jedes Individuum ist das Ergebnis der allerdings wechselnden, aber im Grunde doch einseitigen Lebenslage, in der seine Vorfahren ihr Dasein fristeten. Nur ein Austausch von Qualitäten kann über diese Einseitigkeit hinweghelfen, nur dieser kann alle Verbindungen entstehen lassen, welche die wechselnde Lebenslage braucht. Nehmen wir an, daß die Träger der einzelnen Eigenschaften beim Austausch in der Regel durchaus voneinander unabhängig sind, und daß dieser also nur vom Zufall beherrscht wird, so würden zwei Merkmalspaare bereits vier, drei Merkmalspaare acht, vier Merkmalspaare sechzehn Kombinationen ergeben. Die ganze Zahl der Differenzpunkte zweier Eltern muß also eine so unglaubliche Menge von Möglichkeiten zur Wirklichkeit werden lassen, daß kein Kampf ums Dasein, kein jährliches Ausmerzen von Hunderten und Tausenden von Keimen ein reicheres Material fordern könnte.

Die geschlechtliche Fortpflanzung führt somit die individuelle Variabilität auf ihren höchsten Punkt hinauf. Sie schafft ein Material, das nahezu jeder

Lebenslage entspricht. Sie ist die Vorbedingung für die größte Zweckmäßigkeit des Zusammenwirkens, sei es durch die möglichst freie Wahl der Entwicklungsrichtung für die einzelnen Individuen, sei es unter Aufopferung aller Exemplare, welche nicht genau den an sie gestellten Anforderungen genügen.

Diese Leistung der geschlechtlichen Fortpflanzung ist offenbar nicht auf eine einzelne Generation beschränkt. Sie übt ihren Einfluß im Laufe der Geschlechter aus, und es muß dabei gleichgültig sein, ob die Wirkung unmittelbar erfolgt, oder erst im Laufe der Zeit zur Geltung kommt. Erfordert doch ohnehin die völlige Ausbeutung aller vorhandenen Möglichkeiten in der Regel mehr Einzelwesen, als in einer einzigen Generation geboren werden. Und damit wird die sonst so höchst befremdende Tatsache erklärlich, daß der Austausch der Anlagen nicht unmittelbar auf die Befruchtung folgt, sondern erst kurze Zeit vor der nächstfolgenden Befruchtungsperiode eintritt. Offenbar kann aber ein, von Zufallsgesetzen beherrschter Austausch einem einzelnen, gegebenen Individuum nichts nützen, oder richtiger gesagt, er würde ihm voraussichtlich eben so oft schädlich wie nützlich sein. Nützen kann er nur in Verbindung mit einer Vermehrung der Individuenzahl, denn seine Aufgabe ist es, eine möglichste Mannigfaltigkeit und damit eine möglichst große Aussicht auf die erforderliche Menge vorzüglicher Exemplare herbeizuführen. In dem Augenblicke, wo die Produktion der Geschlechtszellen in ihrer ungeheuer großen Anzahl beginnt, findet er also die beste Gelegenheit, seine Aufgabe zu erfüllen.

Die geschlechtliche Fortpflanzung hat somit für die Kinder nur eine untergeordnete, für die Großkinder aber die allerhöchste Bedeutung, denn nur für diese schüttelt die Urne alle Lose durcheinander.

Dieselben Gesetze, welche die normale Befruchtung beherrschen, gelten selbstverständlich auch für die Bastarde. Eigene biologische Gesetze kann es für sie nicht geben, da sie ja nur abgeleitete Erscheinungen, Abweichungen vom normalen Vorgang sind. Es handelt sich nur um die Frage, welche von der Regel abweichenden Folgen dieselben Gesetze in diesen besonderen Fällen herbeiführen werden. Und dabei ist es klar, daß die Erscheinungen sich den normalen um so enger anschließen werden, je geringer die Abweichungen vom Typus sind.

Dieser Typus ist dadurch bedingt, daß die beiden sich befruchtenden Organismen derselben kleinen oder elementaren Art angehören. Sie haben dann im Grunde dieselben Eigenschaften, wenn auch je nach der Lebenslage in verschiedenen Graden der Entfaltung. Von dieser unabhängige Differenzen gibt es unter ihnen nicht, wenigstens wenn man die Häufung der Wirkung gleichmäßiger Einflüsse im Laufe einiger Generationen berücksichtigt.

Sobald solche unabhängige Differenzen auftreten, und somit konstante, in der Reihe der Geschlechter sich erhaltende, und durch die Lebenslage nicht zu vermischende Gegensätze vorhanden sind, nennen wir die geschlechtliche Verbindung zweier Individuen eine Kreuzung oder Bastardierung. Sind die Gegensätze gering, so nennen wir die beiden Rassen Varietäten, sind sie größer, so beanspruchen sie den Rang von Arten. Die Kreuzung der Varietäten schließt sich ganz eng der normalen Befruchtung an; diejenige der Arten weicht davon um so mehr ab, je geringer die Verwandtschaft zwischen ihnen ist. Die Kreuzung der Varietäten bildet einen in sich geschlossenen Typus, diejenige der Arten eine Reihe, welche von fast normalen Vorgängen auf einer langen Stufenleiter bis zur völligen gegenseitigen Sterilität hinabsteigt. Die Varietätbastarde sind fruchtbar, wie ihre Eltern, für die Artbastarde deutet aber die verminderte Fruchtbarkeit auf abnormale Erscheinungen, sei es bei der Befruchtung, sei es beim Austausch der Anlagen.

Wir müssen deshalb diese beiden Gruppen gesondert besprechen, und fangen mit den Varietäten an.

Im täglichen Leben und im Gartenbau nennt man alles, was von der Norm abweicht, eine Varietät. Sogar die durch Kreuzung erhaltenen Neuheiten werden ganz gewöhnlich zu den Varietäten gerechnet. In der Wissenschaft wäre das Wort also eigentlich unbrauchbar. Doch hat man es behalten und seinen Sinn allmählich eingeschränkt. Namentlich bei der Beschreibung der Gartenpflanzen ist der Begriff ein ausreichend enger, wenn man einerseits die Bastarde, andererseits die durch Selektion erhaltenen

Zuchtrassen und endlich die sogenannten elementaren Arten, welche zusammen unsere gewöhnlichen Arten bilden, ausschließt.

Überblickt man dann die übrigbleibenden Fälle, so ergeben sich zwei deutlich unterschiedene Typen, die konstanten und die inkonstanten Varietäten. Die ersteren geben in Bezug auf Konstanz den echten Arten nichts nach. Ihr Kennzeichen schwankt in den einzelnen Individuen um ein Mittel, aber nicht wesentlich stärker als das entsprechende Merkmal der Art. Von dieser sind sie durch eine auffallende Kluft getrennt. Bei reiner Befruchtung überbrücken sie diese Kluft nie oder doch höchst selten, aber bei Kreuzung schlagen sie äußerst leicht in die Art zurück. Gerade dieser Rückschlag stempelt sie zu Varietäten, und wenn die Kreuzung keine künstliche, sondern eine natürliche, durch Insekten vermittelte ist, entzieht sie sich der Beobachtung, und nur die Tatsache des Rückschlages fällt dem Gärtner auf.

Diese konstanten Varietäten sind nun von der Art, zu der sie gehören, in der Regel dadurch unterschieden, daß irgend eine in die Augen springende Eigenschaft, welche diese ziert, ihnen fehlt. Am häufigsten ist es die Blütenfarbe, oder bei Blüten mit zusammengesetzten Farben, wie den gelbroten Tulpen, eine der Einzelfarben, welche fehlt. Oft fehlen die Dorne oder die Behaarung, sehr oft läßt die Entwicklung der Blattspreite nach, und es entstehen geschlitzte Blätter u. s. w. In allen diesen Fällen liegt kein Grund vor für die Meinung, daß das Fehlen der sichtbaren Eigenschaft auch den Verlust der betreffenden Anlage bedeutet. Vielmehr deutet alles darauf hin, daß die Anlage nur inaktiv geworden ist, daß sie schläft, oder wie man zu sagen pflegt, latent wird. Namentlich die Rückschläge, welche an einzelnen Exemplaren solcher Varietäten bisweilen ganz gewöhnliche Erscheinungen sind, verraten uns diese latente Anwesenheit.

Die inkonstanten Varietäten unterscheiden sich durch eine auffallend hohe Variabilität, einen ungemein großen Abänderungsspielraum. Hier stoßen wir aber auf die Zweideutigkeit der Bezeichnung Inkonstanz. Auf der einen Seite bedeutet das Wort einen gewissen, verhältnismäßig großen Reichtum an Einzelformen, auf der andern Seite bezieht es sich auf Unterschiede zwischen den Eltern und den Kindern. Wählt man aus einer inkonstanten Sorte ein einzelnes Individuum aus, und sät seine Samen nach reiner Befruchtung, so kann man unter den Kindern das ganze Formenspiel der Varietät wiederfinden — somit einen handgreiflichen Beweis für die Inkonstanz. Wählt man aber mehrere Individuen und sät man ihre Samen isoliert aus so bringt jede nahezu dieselbe Reihe von Formen hervor. Die ganze Gruppe vererbt sich von Jahr zu Jahr und ändert sich dabei nicht. Die Varietät hat einen bestimmten Formenkreis, in welchem die Nachkommen jedes Exemplares frei ihren Platz auswählen; außerhalb des Kreises gehen sie aber nicht. Die Grenzen sind konstant und bleiben im

Lauf der Generationen so; innerhalb der Grenzen herrscht aber bunte Mannigfaltigkeit.

Solches ist das Bild der buntblättrigen Gewächse, der gefüllten und der gestreiften Blumen und mancher anderer höchst variabler Gartenpflanzen. Die neue Eigenschaft beruht hier nicht auf dem Verlust oder der Latenz irgend eines Merkmals der Art. Gerade im Gegenteil handelt es sich gewöhnlich um eine Eigentümlichkeit, welche in der Art selbst, oder doch in einer Rasse von dieser, bereits im latenten Zustande vorhanden ist. Namentlich bunte Blätter treten an sonst grünen Pflanzen nicht allzu selten auf, und dasselbe gilt von blumenblattartig verbreiterten Staubfäden. Die Beziehung der inkonstanten Varietäten zu der Art, von der sie abgeleitet sind, ist also eine ganz andere, als bei den konstanten Varietäten.

Dennoch verhalten sich beide bei Kreuzungen mit ihrer Mutterart in derselben Weise. Von dieser unterscheiden sie sich meist nur in einem Punkte, bisweilen auch in einigen wenigen. Aber stets handelt es sich um den Gegensatz von aktiv gegenüber latent, sei es, daß die betreffende Eigenschaft in der Varietät aktiv und in der Mutterart latent ist, sei es, daß sie in der ersteren latent und in der Art selbst aktiv ist.

Wenden wir hierauf unsere oben auseinandergesetzte Vorstellung von der reihenweisen Anordnung der Anlagen in den Kernfäden an, so leuchtet sofort ein, daß alles genau in derselben Weise wie bei der normalen Befruchtung vor sich gehen wird. Jeder

Anlage im väterlichen Vorkerne entspricht die Vertreterin derselben Eigentümlichkeit im mütterlichen. Die Kernfäden passen ebenso genau aufeinander wie bei einer reinen Art, und alle Anlagen, welche nicht gerade den Differenzpunkt bewirken, verhalten sich durchaus normal. Das Zusammenwirken im vegetativen Leben und der Austausch bei der Bildung der Sexualzellen brauchen keine Störung zu erfahren. Wir können unsere ganze Betrachtung auf den Differenzpunkt beschränken und wählen dazu ein möglichst einfaches Beispiel, in welchem es zwischen Art und Varietät nur einen Unterschied gibt, z. B. die Farbe der Blüte.

Der stoffliche Träger dieses Farbenmerkmales liegt in der Mutterart so, daß er seine volle Aktivität entfalten kann, in der Varietät aber so, daß ihm solches unmöglich wird. Schmiegen sich behufs des Austausches die väterlichen und mütterlichen Kernfäden des Bastardes aneinander, und liegen in beiden die Anlagen in der nämlichen Reihenfolge, so erhält die aktive Farbstoffanlage von selbst die inaktive gleichnamige Anlage zum Antagonisten. Mit dieser muß sie also ausgetauscht werden. Wir nehmen an, daß dabei der latente Zustand ohne Bedeutung ist, daß der Austausch also in derselben Weise erfolge, wie bei der normalen Befruchtung.

Vor dieser haben die Kreuzungen von Varietäten aber den großen Vorzug, daß man hier die Herkunft des fraglichen Merkmales überall sicher und klar erkennen kann. Die beiden Anlagen eines Antagonistenpaares unterscheiden sich sonst nur durch ein Mehr oder Weniger der Ausbildung, hier durch einen scharfen Gegensatz. Und aus diesem Grunde ist es im Experimente viel leichter, mit Varietäten die Gesetze zu ermitteln, als mit rein individuellen Unterschieden.

Zwei Sachen sind dabei zu unterscheiden, die Folgen der Befruchtung und die Folgen des Austausches der Anlagen. Die ersteren sieht man im Bastard selbst, die letzteren in seinen Nachkommen. Und da Befruchtung und Austausch zwei so grundverschiedene Sachen sind, so kann es nicht wundernehmen, wenn auch zwischen einem Bastard und seinen Nachkommen durchgreifende Unterschiede obwalten. Diese Unterschiede zeigen sich im wesentlichen darin, daß die Bastarde einer selben Varietät mit ihrer Mutterart, auch wenn man deren zahllose gewinnt, unter sich gleich sind, daß ihre Nachkommen aber stets eine gewisse Mannigfaltigkeit aufweisen.

Betrachten wir zunächst die Varietätbastarde erster Generation. Wie arbeiten die beiden Vorkerne zusammen, um trotz ihrer Ungleichheit die Evolution zu regeln? Diese Frage geht darauf hinaus, daß man fragt, wie groß die Summe des Einflusses einer aktiven und einer latenten Anlage ist. Auf den ersten Blick würde man erwarten, daß dieser Einfluß dem halben Werte eines aus zwei tätigen Anlagen zusammengesetzten Paares entsprechen würde. Früher war diese Meinung ziemlich allgemein verbreitet, und betrachtete man deshalb gern Pflanzen mit intermediären Merkmalen als Bastarde. Namentlich galten viele blaßrötlich oder blaßbläulich blühende Pflanzen als solche. Die Erfahrung der späteren Jahre hat aber in anderer Richtung entschieden.

Varietätbastarde führen im allgemeinen das Merkmal der Art. Bisweilen in voller Ausbildung, bisweilen mehr oder weniger abgeschwächt, dieses aber meistens nur so wenig, daß die oberflächliche Betrachtung keinen Unterschied sieht. Eine aktive und eine latente Anlage wirken zusammen nicht wesentlich anders als zwei aktive, was wohl am besten so zu verstehen ist, daß zwei eben nicht mehr leisten können als eine einzige. Diese Auffassung findet eine sehr wesentliche Stütze in den Ergebnissen der jüngsten Forschungen von Boveri über die Dispermie, aus denen wir oben bereits einiges angeführt haben. Durch die Befruchtung eines Eies mit zwei Spermatozoen kann man die Zusammensetzung des Kernfadengerüstes in verschiedenen Richtungen abändern, z. B. auch so, daß in einem Kerne von irgend einem seiner Chromosome nicht ein Paar, sondern drei Stück zu liegen kommen. Man würde dann erwarten, daß die betreffenden Charaktere sich auffallend stark, etwa bis zur anderthalbfachen Intensität entfalten würden. Soweit Boveris Versuche reichen, ist dem aber nicht so, und ist der Einfluß von drei gleichnamigen Anlagen nicht wesentlich größer als derjenige von zwei.

Wir kommen jetzt zu den Nachkommen der Bastarde und setzen dabei selbstverständlich Eigenbefruchtung voraus. Bei der Bildung der Sexualzellen trennen sich die beiden Vorkerne; solches geschieht sowohl bei der Entstehung der Eizellen wie bei jener der Spermatozoen. Durch den Austausch tritt die aktive Anlage unseres differierenden Paares teilweise mit neuen Anlagen aus den übrigen Paaren zusammen, und es entstehen daher neue Verbindungen, wie bei der gewöhnlichen Befruchtung. Betrachten wir aber nur das differierende Paar, so muß offenbar genau die Hälfte der Eizellen die väterliche und die andere Hälfte die mütterliche Anlage haben. Oder mit anderen Worten, in der einen Hälfte der Eizellen befindet sich die betreffende Anlage im aktiven, in der anderen im latenten Zustand. Genau dasselbe gilt von den männlichen Sexualzellen, den Spermatozoen, sowohl bei Tieren wie bei Pflanzen, und unabhängig vom Umstand, daß bei den höheren Gewächsen die Spermatozoen im Pollenschlauche den Eizellen zugeführt werden.

Die männlichen Geschlechtsprodukte eines Bastardes sind somit einander ungleich, und dasselbe gilt von den weiblichen. In dem gewählten einfachsten Falle bestehen beide Gruppen aus zwei Typen, in den komplizierteren Fällen wird diese Zahl offenbar eine größere werden. Die väterlichen und mütterlichen Anlagen des Bastardes werden in seinen Kindern zu großväterlichen und großmütterlichen. Somit hat die Hälfte seiner Eizellen und die Hälfte seiner Spermazellen in Bezug auf den Differenzpunkt großväterliche Anlagen, während die andere Hälfte großmütterliche hat.

Aus diesem Prinzip läßt sich nun die Zusammensetzung der Nachkommenschaft, sowohl in den einfachen wie in den zusammengesetzten Fällen, und sowohl für die konstanten wie für die inkonstanten Varietäten berechnen. Man erhält dann die Formeln, welche jetzt als MENDELsche Gesetze allgemein bekannt sind.

Sie geben für jede beliebige Anzahl von Differenzpunkten zwischen zwei Eltern an, wie viele Kinder jeder einzelnen Kombination der betreffenden Anlage entsprechen müssen. Und die Erfahrung hat bis jetzt im großen und ganzen und sowohl für Tiere wie für Pflanzen die Zuverlässigkeit dieser Formeln bewiesen.

Es würde zu weit führen, hier auf die Formeln selbst einzugehen. Wir verlassen daher das Gebiet der Varietätbastarde und wenden uns zu den Hybriden zwischen verschiedenen Arten, speziell zwischen verwandten elementaren Arten.

Um diese zu verstehen, müssen wir uns klar machen, welches die Natur der Differenzpunkte in diesem Falle ist, d. h. also, was man hier unter Verwandtschaft versteht. Die Arten entstehen auseinander auf progressivem Wege. Die Anzahl der Anlagen ist in den niederen Organismen offenbar nur eine kleine, und muß mit steigender Organisation allmählich zunehmen. Jede neu auftretende Art enthält deren wenigstens eine mehr als die Form, aus der sie hervorgegangen ist. Nur so kann man sich den Fortschritt des ganzen Pflanzen- und Tierreiches denken.

Allerdings ist es fraglich, ob die Gewinnung einer einzelnen neuen Anlage, die Vermehrung des ganzen, Hunderte oder Tausende betragenden Stockes um eine Einheit, auf uns bereits den Eindruck eines Fortschrittes machen würde. Diese Differenz wird dazu meist wohl zu gering sein. Erst wenn nacheinander zwei oder drei oder mehrere Anlagen zu dem bisherigen Vorrat hinzugekommen sind, werden wir vielleicht eine Zunahme der Organisationshöhe erkennen.

Von jeder einzelnen Art aus kann der Fortschritt augenscheinlich in verschiedenen Richtungen stattfinden. In manchen Gattungen gibt es solche typische Arten, welche als der gemeinschaftliche Ursprung der anderen betrachtet werden können. Wo sie fehlen, liegt die Annahme auf der Hand, daß uns die verwandtschaftlichen Beziehungen noch zu unvollständig bekannt sind, oder auch, daß die betreffenden Formen ausgestorben sind. Jede Art kann somit entweder mit ihren eigenen Vorfahren oder mit anderen Nachkommen derselben Vorfahren verglichen werden.

Diese Betrachtung führt uns zu der Erkenntnis zweier verschiedener Typen der Verwandtschaft, und somit auch zu zwei durchaus zu trennenden Gruppen von Kreuzungen zwischen verwandten Arten. Die einen wollen wir die avunkulären, die anderen die kollateralen nennen. Im ersteren Fall kreuzt man eine Form mit einem ihrer unmittelbaren geradlinigen Vorfahren, im letzteren mit einem ihrer seitlichen Verwandten. Offenbar ist die erste Beziehung eine möglichst einfache, die letztere aber eine mehr komplizierte.

Jede Eigenschaft und jede ihr entsprechende Anlage, welche bei einer Kreuzung in der einen Art vorhanden ist und in der älteren fehlt, bildet einen besonderen Differenzpunkt. Der einfachste Fall ist somit der, daß es nur einen einzigen solchen Unterschied zwischen den beiden Eltern einer Kreuzung gibt, der gewöhnliche Fall aber ist, daß davon mehrere vorhanden sind.

Bei einer solchen Kreuzung finden nun die differierenden Anlagen offenbar in den Sexualzellen des anderen Elters keinen Antagonisten. Wenn bei der Befruchtung die Vorkerne zu einem Doppelkerne zusammentreten, so sind alle übrigen Anlagen paarweise vorhanden. Die differierenden aber nicht; sie liegen im Bastard ungepaart.

Übertragen wir diese Folgerung auf unsere Vorstellung von der reihenweisen Anordnung der Anlagen im Kernfaden, so ergibt sich sofort, daß deren Zusammenwirken gestört sein muß. Die Fäden passen nicht mehr aufeinander, weder bei der Befruchtung und im vegetativen Leben, noch auch später beim Austausch der Anlagen vor der Bildung der Sexualzellen.

Denkt man sich zwei übereinstimmende Chromosome aus den beiden Vorkernen genau nebeneinander gelegt und zwar so, daß jede Anlage des einen die gleichnamige Anlage des anderen zum Nachbarn bekommt, so gelingt solches bei einer Artkreuzung nur bis zu dem Differenzpunkt. Hier hat der eine Kernfaden eine Anlage mehr als der andere. Der letztere hat sozusagen eine Fehlstelle.

Je größer die Anzahl der Differenzpunkte, je zahlreicher also diese Fehlstellen sind, um so mehr wird das Zusammenwirken der beiden Vorkerne erschwert werden. Und dieses muß die Lebensfähigkeit oder doch wenigstens die normale Entfaltung aller Eigenschaften beeinträchtigen.

Sind die Differenzen zwischen den beiden Eltern zu zahlreich, so bleibt bekanntlich eine Kreuzung völlig ohne Erfolg. Kreuzungen zwischen Arten, welche zu verschiedenen Gattungen gehören, gelingen nur in sehr seltenen Fällen, ja in weitaus den meisten Gattungen können selbst die gewöhnlichen, systematischen Arten nicht fruchtbar miteinander verbunden werden. Gattungen wie *Nicotiana, Dianthus, Salix* und andere, welche an Bastarden reich sind, sind in der Regel gerade solche, in denen die Arten äußerst nahe miteinander verwandt sind.

Reicht die Übereinstimmung zweier Arten zur gegenseitigen Befruchtung aus, so ist damit das Leben des Bastardes noch keineswegs gesichert. Manche sterben als Keim innerhalb der unreifen Frucht, wie solches namentlich für die Hybridenkeime von *Orchis Morio* nach Befruchtung mit *O. fusca* von Strasburger beschrieben worden ist.

Andere werden zu jungen Pflänzchen, sind aber zu schwach, um sich weiter zu entfalten und gehen in den ersten Wochen nach der Keimung zu Grunde, wie ich es z. B. nach Kreuzungen von *Oenothera Lamarckiana* und *O. muricata* häufig gesehen habe. Oder es wachsen nur die kräftigeren Individuen weiter, während die schwächeren zu Grunde gehen, und dieses führt bei zweihäusigen Pflanzen bisweilen dazu, daß die männlichen Keimlinge eingehen, während von den kräftigeren Weibchen einige sich bis zur Blüte entfalten, wie WICHURA es bei mehreren Weiden fand. Schließlich können Bastarde entstehen, welche zwar kräftig wachsen, aber nicht oder doch nur unvollständig blühen, oder auch nur zu spät damit anfangen. Eine ganze Stufenleiter gibt es hier von der stets mißlingenden Kreuzung zu der Ausbildung der Bastarde zu normalen Pflanzen. Und im großen und ganzen läuft diese Leiter mit der zunehmenden systematischen Verwandtschaft parallel.

Hat der Bastard bis zur Blütezeit, d. h. bis zu der Periode der Bildung der Sexualzellen, sein Leben glücklich durchlaufen, so tritt eine neue Schwierigkeit im Momente des Austausches der Anlagen auf. War bis dahin das Zusammenwirken der beiden Vorkerne mehr oder weniger gestört, so fallen nunmehr die Fehlstellen viel mehr ins Gewicht. Daher die ganz gewöhnliche Erscheinung, daß die Produktion von Ei- und Samenzellen mehr oder weniger vollständig mißlingt, daß die Bastarde entweder keine befruchtungsfähigen Samenknospen, oder keinen tauglichen

Blütenstaub oder keines von beiden hervorbringen. Sie sind mehr oder weniger oder auch völlig steril. Sie bilden gar keine Samen, oder nur eine ungenügende Anzahl. Nur wo die Unterschiede zwischen den Eltern ganz klein sind, gelingt es, Samen zu gewinnen, und auch hier oft nur wenig.

Wie sich beim Austausch die ungepaarten Eigenschaften verhalten, wenn sie nicht zahlreich genug sind, um den ganzen Prozeß mißlingen zu lassen, ist einstweilen unbekannt. Die Erfahrung lehrt aber, daß die Kinder der Hybriden in diesen Fällen nicht jene Mannigfaltigkeit der Typen, nicht jene Spaltungen aufweisen, welche für die Varietätbastarde charakteristisch sind. Sie pflegen alle einander und ihren Eltern, den anfänglichen Bastarden, gleich zu sein, und diese Konstanz erhält sich im Laufe der Generationen. Demzufolge entstehen Bastardrassen, welche, abgesehen von der etwa verminderten Fertilität, von echten Arten kaum zu unterscheiden sind. Bisweilen werden sie im Freien gefunden, so z. B. eine Bastardrasse zwischen den beiden Alpenröschen, und andere solche Rassen in den Gattungen *Anemone, Salvia, Nymphaea* u. s. w. Bisweilen sind sie künstlich erhalten worden oder zufällig in den Gärten entstanden. Die Gattung *Oenothera* ist an solchen konstanten Bastardrassen, namentlich in der Untergattung der gewöhnlichen Nachtkerzen, *Onagra,* besonders reich. Gar häufig werden solche Hybriden geradezu als Arten beschrieben, einerseits weil sie aus Samen sich ohne jegliche Abweichung zu wiederholen pflegen, und anderseits, weil in den systematischen Werken häufig den elementaren Arten keine ausreichende Berücksichtigung zu Teil wird, und die Unterscheidung solcher von den Bastardrassen oft keineswegs leicht ist.

Das Ziel meiner Auseinandersetzungen zwingt mich, mich auf die einfachen und klaren Fälle zu beschränken. In der Natur kommen diese verhältnismäßig selten vor und pflegen die einzelnen Elemente der Erscheinungen in buntester Mannigfaltigkeit miteinander vermischt zu sein. Weitaus die meisten Kreuzungen finden zwischen Eltern statt, deren gegenseitige Beziehungen sich nicht rein dem einen oder dem anderen Bilde anschließen, sondern wo die Merkmale der verschiedenen Bastardierungstypen durcheinander gemischt sind. Auf diese Fälle darf ich hier nicht eingehen, sie sind für einen Vortrag von zu komplizierter Natur.

Nur einen Punkt möchte ich noch berühren. Im vorhergehenden habe ich stets vorausgesetzt, daß die Arten und Varietäten in ihrem gewöhnlichen, unveränderlichen Zustande sich befinden. Aber dieses ist keineswegs immer der Fall. Die Entstehung neuer Arten und Varietäten erfordert, daß die Unveränderlichkeit keine absolute sei und wenigstens von Zeit zu Zeit aufgehoben werde. Die Erfahrung bestätigt dieses, indem sie zeigt, daß es im Leben der Arten Perioden gibt, in denen sie sozusagen zur Erzeugung neuer Typen besonders geneigt sind. Sie bringen dann die neuen Varietäten und Arten nicht einmal, sondern wiederholt hervor, und nicht eine einzige, sondern oft beträchtlich viele. Die artenreichen Gattungen, wie die Stiefmütterchen und die Sonnenröschen, sind Überbleibsel solcher Perioden von Veränderlichkeit, und ähnliche begegnen uns überall in der Natur. Bei den Gartenpflanzen sieht man von Zeit zu Zeit Perioden, in denen bestimmte Varietäten vorzugsweise auftreten, wie die gefüllten Georginen um die Mitte des vorigen Jahrhunderts, und die Formen der Tomaten in den letzten Jahrzehnten und zahlreiche andere Beispiele uns lehren. Die Gärtner nennen die Neuheit das erste Mal einen Konquest, die späteren Erscheinungen sind nur Wiederholungen und haben für die Praxis deshalb nur einen sehr untergeordneten Wert.

Die Fähigkeit, eine oder mehrere neue Arten hervorzubringen, deutet auf eine labile Gleichgewichtslage der betreffenden inneren Anlagen. Das neue Merkmal ist im unsichtbaren Zustande in den Kernen bereits vorhanden, aber noch inaktiv. Durch bestimmte, uns unbekannte Ursachen kann es in eine Dauerlage übergeführt werden. Durch Reihen von Generationen kann sich in der übergroßen Mehrzahl der Individuen diese labile Gleichgewichtslage erhalten, wie solches bei meinen Oenotheren der Fall ist. Von Zeit zu Zeit, bisweilen alljährlich in einzelnen Exemplaren, tritt ein Stoß ein, und wird die Gleichgewichtslage stabil. Die betreffenden Individuen springen aus dem Bande, verlassen den früheren Typus und bilden eine neue Art.

Es leuchtet ein, daß bei Kreuzungen solche labile Anlagen sich anders verhalten werden als die normalen, stabilen. Ihre Aussicht, stabil zu werden, ist offenbar bei den Erscheinungen der Befruchtung und des Austausches der Anlagen eine erhebliche. Es pflegen dabei konstante Rassen zu entstehen, wenigstens in der Gattung *Oenothera*, und zwar einerseits mit dem betreffenden Merkmal in labiler Lage, d. h. also im Zustande der Mutabilität, und andererseits mit fester Gleichgewichtslage, der neuen Art entsprechend. Doch sind die Untersuchungen hier erst in ihrem Anfange, und gestatten sie eine eingehende Analyse noch keineswegs. Auch stellen sie einstweilen einen Fall für sich dar.

Überblicken wir zum Schluß den Gang unserer Darstellung, so sehen wir, daß die Bastarde sich ganz enge an die normale Befruchtung anschließen, um so vollständiger, je weniger zahlreich und je weniger eingreifend die Differenzpunkte zwischen den Eltern der Kreuzung sind. Sind diese derart, daß die Anzahl der Anlagen in einem Elter eine andere ist als in dem zweiten, so treten Störungen ein, welche bei geringerem Einfluß die Fertilität der Hybriden, bei größerer Bedeutung ihre eigene Entwicklungsfähigkeit beeinträchtigen oder gar die Kreuzung erfolglos machen. Sind die Anlagen beiderseits in der gleichen Anzahl vorhanden, und sind die Unterschiede auf Latenz der einen Seite und Aktivität im andren Elter beschränkt, so wird der normale Prozeß gar nicht gestört, aber es treten auffallende Erscheinungen ein, welche ihre Erklärung finden in der eigentümlichen Art und Weise, in der im Bastard und bei der Bildung seiner Sexualzellen die elterlichen Erbschaften zusammen wirken.

Dieses Zusammenwirken spiegelt sich im Leben der Kerne ab. Bei der Befruchtung legen sich die Kerne des Vaters und der Mutter einfach aneinander. Im Laufe der Entwicklung schmiegen sie sich einander immer inniger an, indem sie ihre gleichnamigen Elemente möglichst nahe aneinander bringen, derart, daß diese schließlich alle paarweise zusammenliegen. Aber ihre Selbständigkeit verlieren die Vorkerne dabei keineswegs, und zum Zwecke jeder Kernteilung ziehen sie ihre Bestandteile mehr oder weniger deutlich auseinander. Kurz vor ihrer Trennung, ihrem Abschiede, sind sie noch dieselben wie vorher. Dann aber tauschen sie ihre einzelnen Anlagen gegen einander aus, und bewirken dadurch das Zustandekommen jener zahllosen Kombinationen der Eigenschaften, deren die Natur bedarf, um die Arten möglichst plastisch zu machen und sie im höchsten Maße sich an ihre stets wechselnden Lebenslagen anpassen zu lassen.

Diese Steigerung der Variabilität und der Anpassungsfähigkeit der Individuen ist das eigentliche Ziel der geschlechtlichen Fortpflanzung, es kann nur dadurch erreicht werden, daß die in verschiedenen Individuen in verschiedenen Richtungen und

Graden entwickelten Eigentümlichkeiten in alle denkbaren Formen gegenseitiger Verbindung gebracht werden. Dazu tauschen die Vorkerne ihre Anlagen von Zeit zu Zeit gegenseitig aus, und indem wir auf Grund der Erfahrungen an den Bastarden annehmen, daß dieses im großen und ganzen nach den Regeln des Zufalls, d. h. der Wahrscheinlichkeitslehre, geschieht, haben wir eine Grundlage gewonnen, welche uns gestattet, den tiefsten Gründen dieses so bedeutungsvollen und rätselhaften Vorganges nachzuspüren.

Druck von Metzger & Wittig in Leipzig.

FSC
www.fsc.org
MIX
Papier | Fördert
gute Waldnutzung
FSC® C083411

Zeitfracht Medien GmbH
Ferdinand-Jühlke-Straße 7
99095 Erfurt, Deutschland
produktsicherheit@kolibri360.de